NOUVELLES EXPÉRIENCES

SUR

LES AMANDES AMÈRES

ET

SUR L'HUILE VOLATILE

QU'ELLES FOURNISSENT;

PAR

MM. ROBIQUET ET BOUTRON-CHARLARD.

Mémoire lu à l'Académie des Sciences, le 31 mai 1830.

IMPRIMERIE DE HUZARD-COURCIER
rue du Jardinet, n° 12.

NOUVELLES EXPÉRIENCES

SUR

LES AMANDES AMÈRES

ET

SUR L'HUILE VOLATILE

QU'ELLES FOURNISSENT.

Les produits organiques sont en général si compliqués dans leur nature intime, que ce n'est qu'à force d'y revenir et d'y revenir encore qu'on parvient à en démêler la véritable composition. Aussi, voyons-nous qu'il suffit d'étudier, de nouveau et avec un peu d'attention, des corps de ce genre, pour y découvrir des choses inaperçues de ceux qui les ont précédemment examinés. Cette vérité nous est chaque jour mieux démontrée; car nous avons vu la bile, le sang, l'urine, le lait, l'opium, le quinquina, et tant d'autres produits, devenir tour à tour l'objet de nouvelles investigations, et à chaque fois des résultats inconnus et plus ou moins saillans sont venus attester l'utilité de ces reprises. Il ne faut donc point se lasser d'étudier ces sortes de corps; et bien que la gloire qu'on en peut recueillir ne soit pas toujours proportionnée aux difficultés qu'on éprouve, nous n'en devons pas moins chercher à acquérir des idées nettes sur ces points intéressans de la science. C'est, guidés par un semblable motif, que nous avons entrepris un nouvel examen de l'amande amère et de son huile essentielle. Ce singulier produit, qui a déjà été examiné tant de fois, est encore fort éloigné d'être bien connu, et nous ne doutons nullement que son étude approfondie ne nous eût conduits à des résultats d'une grande importance; mais obligés d'interrompre notre travail, et ne pouvant prévoir à quelle époque il nous sera permis de le reprendre, nous nous sommes décidés à publier ce que nous avons fait, pour faciliter à nos successeurs les moyens de pénétrer plus avant.

Il est résulté de toutes les recherches qui ont été faites jusqu'alors, sur l'huile volatile d'amandes amères, que ce produit remarquable se distingue particulièrement des autres huiles volatiles par la promptitude avec laquelle il absorbe l'oxigène et surtout par la singulière propriété qu'il possède de se transformer tout à coup et par suite de cette oxigénation en aiguilles cristallines incolores qui sont acides, et qui conservent leur caractère d'acidité, soit qu'on les soumette à l'action de la chaleur sèche, qui ne leur fait éprouver d'autre modification que de les sublimer en belles houppes blanches soyeuses, soit qu'on les traite par de l'eau bouillante, qui les dissout complètement et les laisse se reproduire par le refroidissement.

On sait, en outre, que cette huile volatile a non-seulement l'odeur de l'acide prussique, mais qu'elle en contient dans son état récent une quantité notable, et que c'est très probablement à la présence de cet acide qu'elle doit ses qualités vénéneuses, et que néanmoins elle peut conserver l'odeur d'acide prussique sans en retenir des traces sensibles. Enfin, l'on sait encore que cette huile volatile, traitée convenablement par les alcalis caustiques, fournit un produit cristallin particulier qui n'est ni acide ni alcalin, qui est soluble dans l'alcool et dans l'eau, et plus à chaud qu'à froid.

On conçoit qu'une des principales questions qui restaient à résoudre, était celle relative à la nature de l'acide qui se forme par l'oxigénation de l'huile. Cet acide avait bien été obtenu et ses principales propriétés décrites par l'un de nous; mais il restait à le nommer, inconvénient moindre, il faut en convenir, que de lui avoir donné un nom sans l'avoir obtenu, comme cela a eu lieu quelquefois.

Nous nous sommes donc occupés d'abord de cette détermination; mais à peine avions-nous reconnu l'identité de cet acide avec celui qu'on retire du benjoin, que nous apprîmes que ce résultat avait déjà été annoncé dans les journaux allemands. En effet, nous nous sommes assurés que M. *Stange*, pharmacien à Bâle, avait publié, en 1822, dans le *Recueil de Pharmacie* de *Buchner*, un mémoire dans lequel il établit que les cristaux qui se forment spontanément dans l'huile essentielle d'amandes amères, et par suite du contact de l'air, ne sont autres que de l'acide benzoïque.

Ce premier point une fois éclairci, il nous restait à examiner si cet acide existait tout formé dans l'huile essentielle, ou s'il n'était que démasqué par l'oxigénation des principes qui lui étaient unis. Mais nous avons été détournés de cette étude, par une autre question non moins intéressante et qui semblait devoir précéder; c'est celle relative à la préexistence de l'huile essentielle elle-même dans les amandes amères. Il paraissait d'autant plus important de s'occuper d'abord de cette question, qu'il était à présumer que sa solution amènerait quelques éclaircissemens sur la nature de cette prétendue essence. Or, l'un de nous avait déjà fait observer que l'huile volatile qu'on retire par la distillation des amandes amères ne devait pas y être toute formée, et il en apportait pour preuve la nullité d'odeur et de saveur de l'huile fixe qu'on extrait par simple expression de ces mêmes semences. Tout porte à croire que si ces deux produits co-existaient, ils se confondraient par la pression, puisqu'une fois obtenus isolément, ils se combinent facilement l'un à l'autre et que d'ailleurs nous connaissons plusieurs exemples semblables. On sait, en effet, que les semences des ombellifères fournissent par simple pression un produit qui contient tout-à-la-fois de l'huile fixe et de l'huile volatile. Mais il en est tout autrement pour les amandes amères : lorsqu'elles sont exemptes d'humidité, l'huile fixe qu'on en sépare mécaniquement est tout aussi insipide, tout aussi inodore que celle qu'on extrait des amandes douces. C'est un fait qui a été bien constaté par M. *Planche*, et qui se trouve confirmé par la pratique journalière des parfumeurs, qui fabriquent, tout-à-la-fois, avec les amandes amères, de l'huile fixe qu'ils vendent comme huile d'amandes douces, parce qu'elle en a tous les caractères, et de la pâte d'amandes qu'ils font avec leur résidu ou tourteau.

Il est cependant vrai de dire que dans quelques circonstances, l'huile fixe prend l'odeur et le goût des amandes amères. M. *Planche* en avait attribué la principale cause à l'action de la chaleur ; car il suffit, selon cet habile praticien, d'exprimer des amandes amères entre des plaques chaudes, pour que l'huile fixe contracte l'odeur d'amande amère ; mais MM. *Henry* et *Guibourt* ont démontré depuis que ce changement ne pouvait avoir lieu que sous l'influence de l'humidité.

Telles étaient les notions acquises et qui nous ont servi de point de départ. Notre premier soin a été d'en reconnaître l'exactitude, et nous avons vu qu'en effet, lorsque les amandes amères sont déjà un peu anciennes, et par conséquent bien sèches, l'huile fixe qu'on en obtient par simple expression n'a aucune odeur, et qu'il en est de même pour le résidu, soit qu'on le laisse en tourteau, soit qu'on le réduise en poudre, et que rien ne peut faire développer l'arôme dans l'huile, tandis qu'il suffit d'humecter le résidu pour qu'il dégage immédiatement une odeur prussique des plus prononcées. Ainsi point de doute, l'huile essentielle ou ses élémens restent dans le son d'amandes et ne s'écoulent pas avec l'huile fixe, par la compression.

Supposant d'abord, d'après les faits observés, que cette prétendue huile essentielle résultait de la combinaison d'un principe particulier, avec une certaine proportion d'eau, nous avons tenté différens moyens d'extraire ce principe sans l'intervention de l'humidité, et nous avons employé tour à tour l'éther et l'alcool très deflegmés.

Action de l'éther sur les amandes.

Ces divers traitemens nous ont conduits à des résultats assez curieux pour mériter de fixer l'attention. L'éther, auquel nous avons eu recours en premier lieu, n'a eu d'autre action que d'éliminer les dernières parties d'huile fixe que la pression n'avait pu soustraire (1). Ce traitement ter-

---

(1) L'appareil dont nous nous servions pour cette extraction remplissait parfaitement le but que nous nous étions proposé. C'était un bocal à col droit, d'une pinte environ, garni d'un bouchon de liége, dans lequel s'engageait perpendiculairement l'extrémité effilée d'une allonge en verre, et cette allonge était elle-même munie à son orifice supérieur d'un bouchon bien ajusté ; enfin, un bouchon de cristal avait été descendu dans l'intérieur de la douille de l'allonge, et adapté de manière à faire obstacle, sans s'opposer complètement à l'écoulement des liquides. Cet appareil étant ainsi établi, nous introduisions dans l'allonge du son d'amandes réduit en poudre fine ; nous en mettions environ jusqu'aux deux

miné, nous avons fait sécher le son à l'air, et la teinture a été évaporée en vases clos, à la chaleur du bain-marie. Ces deux produits, savoir, le son lavé par l'éther, et l'huile obtenue par ce lavage, étaient tout aussi inodores l'un que l'autre; mais ce nouveau résidu, délayé avec de l'eau, développait autant d'odeur qu'auparavant. Il est donc évident que l'éther ne touche pas aux principes qui peuvent contribuer à l'odeur. Jusque là, rien de surprenant; mais ce qui a lieu d'étonner, c'est que si l'on humecte le son d'amandes lavé à l'é-

---

tiers de la capacité du vase, puis nous versions assez d'éther pour que la poudre s'en trouve recouverte de deux travers de doigt à peu près. Le bouchon de l'allonge était ensuite adapté, et on le recouvrait lui-même de plusieurs bandes de papier joseph collé, afin de s'opposer autant que possible à l'évaporation de l'éther. Peu à peu l'éther s'infiltrait dans la poudre; celle-ci se décolorait couche par couche, et l'huile était pour ainsi dire refoulée vers la partie inférieure, de telle sorte que les premières portions de liquide qui s'écoulaient dans le bocal n'étaient pour ainsi dire que de l'huile fixe pure, reconnaissable à sa consistance et à sa couleur, tandis que vers la fin l'éther descendait tout aussi fluide et tout aussi incolore que celui qu'on avait employé. On conçoit que par ce moyen le son d'amandes devait être complètement privé de l'huile fixe qu'il avait pu retenir.

ther et séché à l'air, et qu'on le traite une seconde fois par l'éther, ce deuxième lavage fournit, par évaporation au bain-marie, un produit qui contient de l'huile essentielle d'amandes amères; ainsi, nul doute que l'eau ne soit indispensable à la formation de cette essence.

Action de l'alcool.

Si, au lieu de traiter, comme nous venons de l'indiquer, le premier résidu du lavage éthéré, on le soumet à diverses reprises à l'action directe de l'alcool concentré et bouillant, on obtient, après quatre décoctions successives, tout ce que ce véhicule peut enlever aux amandes, et l'on remarque que la première teinture laisse déposer par refroidissement quelques petits cristaux opaques, mamelonnés et qui sont formés d'aiguilles très courtes, disposées en rayons concentriques. On détache ces cristaux, qui sont ordinairement appliqués sur les parois du vase, et on les réunit sur un petit filtre. D'un autre côté, on verse les quatre teintures alcooliques dans une même cornue, et l'on distille pour recueillir l'alcool. La concentration doit être poussée, mais avec beaucoup de ménagement, jusqu'à ce que le résidu ait acquis la consistance de sirop ; alors on laisse refroidir, puis on transvase ce résidu dans une longue éprouvette, faite avec un gros tube bouché par une de ses extrémités. On verse par-dessus ce résidu cinq à six fois son volume d'éther rectifié; on bouche l'orifice ouvert du tube avec un bouchon de liége, et l'on agite fortement pendant quelques instans, après quoi on abandonne le tout jusqu'au lendemain, en ayant soin, bien entendu, de placer le tube dans une position verticale. On voit s'établir, par le repos, trois couches bien distinctes : la première et la plus fluide est un peu colorée en jaune ; celle qui lui succède est d'un blanc mat et d'une consistance demi-solide ; la troisième est transparente, de couleur ambrée et de consistance visqueuse. On sépare facilement la couche supérieure et la couche inférieure au moyen d'un siphon (1), et

(1) Le siphon dont nous nous sommes servis se fait avec un de ces tubes minces et de petit diamètre que l'on peut courber à la flamme d'une bougie. Nous adaptons ce siphon à un bouchon de grosseur convenable pour le tube éprouvette, puis nous ajustons à ce même bouchon un très petit tube courbé à angle droit, et disposé de manière à pouvoir souffler dans l'intérieur de l'éprouvette. Cela fait, on s'en sert de la manière suivante : on substitue au bouchon de l'éprouvette celui qui est garni du siphon, et l'on enfonce la petite branche du siphon

l'on met égoutter sur une toile fine la couche intermédiaire, qui est d'une consistance pâteuse. Une fois cette séparation mécanique opérée, on s'occupe de la purification des produits contenus dans ces trois couches. La première, qui n'est presque que de l'éther, est soumise à une distil-

---

jusqu'à la surface de la deuxième couche ; l'autre branche est mise en communication avec un flacon, puis on souffle par le petit tube pour faire monter le liquide dans le siphon, et la première couche se trouve ainsi décantée. On verse de nouveau une pareille quantité d'éther ; on agite encore, et le lendemain on enlève de même la couche supérieure. Quand celle-ci est entièrement soustraite, et que le siphon est bien égoutté, on bouche avec le doigt l'extrémité de la longue branche, puis on fait glisser l'autre branche dans le bouchon, jusqu'à ce qu'elle soit descendue tout-à-fait au fond de l'éprouvette. Il est bon de souffler légèrement par l'extrémité de la longue branche, pour dégager l'autre de quelques particules de la couche intermédiaire, qui ont pu s'y introduire malgré la précaution prise. On laisse les couches se former de nouveau, et quand la partie inférieure est bien éclaircie, on souffle par le petit tube courbé, et on laisse couler tant qu'on voit passer le liquide clair. Quand toute la couche inférieure est enlevée, le siphon s'arrête ordinairement de lui-même, parce que la couche intermédiaire, qui est pâteuse, l'obstrue; mais si cette partie tend à monter, il est facile de l'arrêter en aspirant par le petit tube.

lation au bain-marie, et l'on obtient pour résidu une espèce de résine jaunâtre, liquide, de saveur âcre et qui rappelle ce qu'on nomme la résine verte des végétaux. La matière blanche et comme crétacée qui provient de la couche intermédiaire est dissoute dans de l'alcool bouillant. Cette solution, filtrée, laisse précipiter par refroidissement une foule de petites aiguilles blanches qui sont de même nature que les cristaux mamelonnés qui se déposent dans la première teinture du son d'amandes amères.

Le liquide visqueux qui forme la troisième couche étant privé par une douce chaleur de l'éther qu'il a pu retenir, prend la consistance du miel, conserve sa transparence, et jouit d'une saveur sucrée mais un peu amère : nous n'avons pu en séparer aucun autre principe.

Ainsi le traitement alcoolique fournit trois produits différens et bien distincts, savoir : une matière résinoïde, une substance cristalline particulière, et enfin, une espèce de sucre liquide. Mais ce qu'il y a de plus remarquable, c'est qu'aucun de ces trois produits n'a l'odeur d'amandes amères, et que cependant le son d'amandes qui a été traité successivement par l'éther et par l'alcool, ou seulement par l'alcool, ne peut plus reprendre son odeur prussique à l'aide de l'eau. Nous avons inutilement tenté tous les moyens qui nous ont paru les plus capables de développer cette odeur, soit sur chacun des produits pris isolément, soit en les réunissant entre eux, soit même en les ajoutant au son d'amandes d'où on les avait extraits. Il y a sans doute là un principe très fugace qui sert comme de lien commun, et qui se détruit par le traitement alcoolique : ce qui semblerait le prouver, c'est que la présence de l'acide prussique est, comme on le sait, très évidente dans les produits de la distillation des amandes amères, tandis qu'ici rien n'en peut décéler l'existence, pas même la réaction des alcalis caustiques, qui la rend si promptement manifeste dans l'huile essentielle. Nous devons cependant faire observer que la matière blanche et cristalline laisse dégager une quantité notable d'alcali volatil, quand on la traite à chaud par une solution de potasse caustique. Puisque cette substance contient de l'azote, ne se pourrait-il pas qu'elle devînt, par suite d'une altération et d'une combinaison qui nous est inconnue, un des élémens composés de l'huile essentielle? Nous serions d'autant plus portés à le croire, que cette même substance possède, même dans son plus grand état de purification, la saveur des amandes amères, et que les amandes douces ne fournissent aucun principe analogue. Ces observations nous ont déterminés à étudier particulièrement ce produit remarquable, et nous indiquerons les résultats de nos essais ; mais, avant de nous occuper de cet objet, nous terminerons ce qui a trait à l'amande elle-même, et nous commencerons par rappeler que le tourteau d'amandes amères, qui a subi l'action de l'alcool, ne fournit plus à la distillation avec l'eau aucune particule d'huile essentielle, et que non-seulement le produit qu'on obtient ne manifeste pas la plus légère odeur d'amandes amères, mais que les réactifs n'y font pas découvrir la moindre trace d'acide prussique, ni autre. Il est donc très certain que l'alcool enlève ou détruit, sinon la totalité, du moins une partie des élémens de l'huile essentielle. Pour nous assurer cependant si le résidu alcoolique contenait quelque principe qui pût contribuer à cette prompte création d'acide prussique qui, dans les circonstances ordinaires, se forme aussitôt qu'on humecte le tourteau, nous avons traité une portion de ce résidu par de l'eau distillée froide, et après quelques heures de macération nous avons obtenu, à l'aide du filtre, un liquide limpide, jaunâtre, de saveur fade, moussant beaucoup par l'agitation et se coagulant par la chaleur. Toutes ces propriétés se retrouvent dans les amandes douces, et M. *Boullay* les a dès long-temps signalées dans un mémoire publié dans le tome VII du *Journal de Pharmacie*. Nous remarquerons seulement, en passant, que cette coagulation, qu'on a attribuée à de l'albumine végétale, présente quelques caractères qui sembleraient dériver d'un autre corps; et cela s'observe surtout lorsqu'on fait cette expérience avec du son d'amandes entièrement privé d'huile fixe par l'éther, puis traité par l'alcool. Il arrive, dans ce cas, que le lavage aqueux soumis à l'action de la chaleur se trouble, prend de la consistance, mais qu'il ne se coagule pas, quand bien même on pousserait jusqu'à une ébullition soutenue. Si on laisse refroidir, la consistance augmente; on obtient un tout homogène aussi solide que de l'empois ; mais en faisant chauffer de nouveau, la masse acquiert un peu de liquidité, puis elle reprend encore la même consistance par le refroidissement, et il est possible de reproduire plusieurs fois ces mêmes phénomènes par des alternatives de température. Nous n'avons pas ouï dire que l'albumine ordinaire présentât rien de semblable. Au reste, pour ne point nous détourner de notre objet principal, nous n'insisterons pas davantage, et revenant à notre lavage aqueux, nous dirons que quand la coagulation ne s'en opère pas de suite, au moyen de la chaleur, quelques jours de repos suffisent pour en séparer un liquide abondant qui ne fournit, par l'évaporation, qu'une espèce de gomme ordinaire. Ainsi, nous n'avons trouvé dans ce résidu rien d'assez remarquable pour mériter une attention spéciale.

Huile volatile d'amandes amères; son étude et son examen.

Après avoir terminé cette espèce d'examen préliminaire, uniquement destiné à établir quelques jalons, nous sommes revenus à notre objet principal, qui était l'étude de l'huile essentielle; mais ne voulant opérer que sur des produits bien purs, nous avons dû nous occuper des moyens d'obtenir aisément cette huile. Or, on sait que rien n'est plus difficile avec les appareils ordinaires, parce que le son d'amandes, délayé dans l'eau, forme un tel magma, et le liquide prend une telle viscosité, qu'il est presque impossible de soutenir l'ébullition pendant quelques instans, sans qu'il y ait boursouflement ou adhésion aux parois, et par conséquent décomposition. Parmi les divers moyens auxquels nous avons eu recours, celui qui nous a présenté le plus d'avantages est l'emploi de la vapeur (1). Si, en effet,

---

(1) Nous avons fait construire un appareil particulier, composé,

1°. D'une petite chaudière à vapeur.

2°. D'un alambic ordinaire, dont la cucurbite est

on fractionne les produits que l'on obtient par ce moyen, on voit que les premiers contiennent plus d'huile et que l'eau qui surnage est limpide, tandis qu'à une époque plus avancée de la distillation l'huile est en moindre proportion, et cependant l'eau devient très laiteuse; enfin on ne recueille plus d'huile, et le liquide redevient transparent. Si l'on examine successivement ces trois produits, on reconnaît qu'ils sont sans influence sur les papiers de tournesol bleu et rouge.

---

garnie vers sa partie inférieure, et à quelque distance du fond, d'un gros tuyau disposé en croix, et qui est perforé à sa surface supérieure d'un grand nombre de petits trous. Ce tuyau, bouché par trois de ses extrémités, a sa quatrième qui traverse la partie latérale de la cucurbite, pour venir s'adapter à la chaudière à vapeur.

3°. Au côté opposé et à la partie la plus inférieure de la cucurbite est ajusté un robinet destiné à rejeter l'eau de condensation.

4°. Le bain-marie de cet alambic, au lieu d'être à parois pleines, comme d'habitude, est construit en fil de laiton étamé et soutenu par quelques bandes de cuivre également étamées.

5°. Le chapiteau et le serpentin sont construits à la manière ordinaire.

Le fourneau de la chaudière à vapeur étant mis à

C'est donc à tort que M. *Vogel* a dit que l'eau distillée d'amandes amères était acide; elle ne manifeste ce caractère que par suite de quelque altération. L'odeur des premiers produits est si vive et si pénétrante, qu'elle rappelle plutôt le montant du cyanogène que l'odeur douce de l'acide prussique; et ce qu'il y a de plus remarquable, c'est que si l'on fait, sous ce rapport,

---

proximité convenable de l'alambic, et la chaudière remplie d'eau, on ajuste les deux appareils ensemble, et l'on commence immédiatement à chauffer la chaudière, puis on délaie le son d'amandes avec une quantité suffisante d'eau, pour en faire une pâte. Pour rendre cette pâte moins compacte, on lui ajoute quelques poignées de paille hachée menue, puis on divise cette pâte par petites masses de la grosseur d'une noix, qu'on jette à mesure dans le bain-marie. On a soin de placer perpendiculairement au centre de ce vase un rouleau en bois, qu'on enlève lorsque le bain-marie est plein; il en résulte un espace vide qui forme cheminée, et qui permet à la vapeur de pénétrer partout. Enfin, on achève de monter l'alambic, et on lutte toutes les jointures. Il est bon, surtout en hiver, de recouvrir l'alambic de quelques étoffes de laine, afin de prévenir un trop prompt refroidissement. Tout étant ainsi disposé, on augmente le feu sous la chaudière, afin de porter l'eau à l'ébullition.

un examen comparatif des trois produits par les sels de fer, on reconnaît, non-seulement que le composé cyanique contenu dans cette eau va toujours en diminuant à mesure que la distillation avance, mais que ce composé, quel qu'il soit, doit plutôt contenir du cyanogène que de l'acide hydro-cyanique, puisque les précipités qu'on obtient, même avec les per-sels de fer, sont d'abord d'un jaune-rougeâtre, et que ce n'est que par suite de leur exposition à l'air qu'ils deviennent verts, et enfin bleus. Il est bien entendu que nous ne parlons pas de la couleur des précipités au moment où l'on vient de les déterminer par un alcali, mais seulement après qu'ils ont été repris par un excès d'acide hydro-chlorique. Il est encore une autre observation à faire, c'est que si l'on mélange à peu près à parties égales, l'eau distillée laiteuse avec celle qui est transparente, le tout reste limpide. Il y a donc dans ce premier produit un corps qui contribue à la solubilité de l'huile essentielle, et comme ce premier produit contient plus du composé cyanique dont nous venons de faire mention, il est probable que c'est à lui qu'est due cette propriété. Ce qu'il y a de certain, c'est que cette eau transparente contient beaucoup plus d'huile que l'eau laiteuse qui vient ensuite; et elle en renferme en si grande quantité, qu'en la rectifiant on double presque le produit (1).

M. *Vogel* conseille l'emploi de l'eau de baryte pour faciliter l'extraction de l'huile volatile d'amandes amères, et il est à présumer que ce qui l'a guidé dans cette idée, c'est la persuasion où il était que l'eau distillée des amandes amères était acide; mais il est important de savoir qu'en ayant ainsi recours aux alcalis, on élimine ce composé cyanique dont nous avons fait mention, et que par conséquent l'essence ne possède plus toutes ses propriétés primitives, surtout relativement à son action sur l'économie animale. Il y a plus, c'est que cette soustraction du composé cyanique diminue d'autant la proportion de l'huile. Il y a donc tout avantage à suivre

---

(1) Cette observation nous a conduits à adopter la méthode suivante. Lorsque nous avons recueilli une provision suffisante d'huile essentielle et d'eau distillée, nous réunissons le tout dans la cucurbite d'un alambic, et en quelques minutes nous séparons, par la distillation, toute l'huile essentielle contenue; car elle est tellement volatile, qu'elle abandonne immédiatement l'eau, pour passer entièrement avec les premières onces du produit. Ce serait inutilement qu'on continuerait l'opération; ce qui vient après ne contient plus rien. En procédant ainsi, on obtient environ $\frac{1}{80}$ d'huile essentielle.

la méthode que nous venons d'indiquer; cependant, il pourrait être utile dans quelques circonstances de rectifier cette huile sur des alcalis, et ce serait principalement lorsqu'on la destine à servir d'aromate, parce qu'alors elle offrirait moins de danger dans son emploi. Cette observation est d'autant plus opportune, que maintenant on fait, sous ce rapport, une très grande consommation de cette huile; car c'est, on peut le dire, un parfum qui est presque devenu de mode, surtout pour les savons de toilette.

Une fois maîtres d'un bon procédé pour la préparation de cette huile, et certains de l'obtenir parfaitement pure, nous avons repris son étude sous un autre point de vue. Étant d'abord assurés que récente elle était parfaitement neutre, nous nous sommes particulièrement appliqués à rechercher si l'acide benzoïque y était tout formé, ou si elle n'en renfermait que les élémens. Nous pensons avoir été assez heureux pour jeter quelque jour sur cette intéressante question, et l'on en pourra juger par les expériences suivantes.

Un des moyens qui nous paraissaient les plus susceptibles d'atteindre le but que nous nous proposions était de déterminer si l'oxigénation de l'essence donnait lieu, pour le résidu solide, à une augmentation ou à une perte de poids;

car, puisqu'il ne reste après l'oxigénation que de l'acide benzoïque, il ne peut arriver que de deux choses l'une : ou l'huile tout entière se convertit par l'oxigénation en acide benzoïque, ou bien cette oxigénation a pour effet de démasquer l'acide, en transformant le corps qui le saturait en produits volatils qui disparaissent. Cette expérience, qui semble des plus simples, ne laisse cependant pas que de présenter de grandes difficultés, en raison de la volatilité de l'essence et de l'acide qui se développe. Toutes les fois, en effet, qu'on met cette essence en contact avec de l'air ou de l'oxigène, et dans des appareils clos, on voit les parois intérieures se couvrir de petits cristaux d'acide benzoïque, dont les uns sont implantés par une de leurs extrémités et se détachent en paillettes brillantes, et les autres groupés de manière à former une espèce d'enduit ou croûte cristalline, qu'on ne saurait détacher sans éprouver une perte considérable. Ainsi, il est de toute impossibilité d'ajouter foi aux résultats qu'on obtiendrait par cette méthode. Nous sommes cependant parvenus à obvier en grande partie au grave inconvénient qui s'y rattache, en mettant l'essence dans une petite ampoule à fond plat, surmontée d'un long col étroit, et plaçant ce petit vase, après en avoir pris le poids exact, au-dessus du mercure, sous une cloche remplie d'oxigène. En procédant ainsi, nous avons obtenu une légère augmentation de poids; mais nous n'avons fait cette expérience qu'une seule fois, et nous n'oserions pas répondre de son exactitude.

Peu satisfaits de ce résultat, nous avons eu recours au chlore sec, pensant, d'après les idées du jour, que si l'acide était tout formé, il s'y trouvait probablement saturé par un hydrogène carboné, et qu'alors nous obtiendrions de l'hydro-carbure de chlore, et que l'acide benzoïque serait mis à nu. Nous avons donc disposé un appareil pour faire passer un courant de chlore sec à la surface d'une certaine quantité d'essence, qui avait été maintenue plusieurs jours dans le vide sec. Nous crûmes d'abord que les choses se passaient conformément à nos prévisions, parce que nous ne tardâmes point à voir surgir du fond du liquide une foule de cristaux prismatiques, qui se maintinrent pendant toute la durée de l'opération, bien qu'elle eût été prolongée fort au-delà du besoin. Nous prîmes ces cristaux pour de l'acide benzoïque; mais lorsque l'expérience fut achevée et l'appareil démonté, nous eûmes bientôt reconnu notre erreur. Le liquide qui surnageait, et qui avait acquis une couleur citrine, répandait dans l'air des vapeurs très piquantes, qui irritaient fortement les yeux, et dont l'odeur rappelait les composés de chlore et d'acide hydro-cyanique. Ce liquide s'unissait facilement à l'eau, et lorsqu'on soumettait ce mélange à l'ébullition, il se dégageait beaucoup d'acide hydro-chlorique, et l'on voyait se précipiter, par refroidissement, de belles lames cristallines, disposées en longs plumasseaux, qui tous partaient de la surface du liquide et s'épanouissaient vers le fond. Ces cristaux, recueillis sur un filtre, puis dissous dans l'eau distillée, et convenablement purifiés, nous ont présenté tous les caractères de l'acide obtenu par l'oxigénation de l'huile.

Ayant examiné, d'un autre côté, les cristaux qui s'étaient formés spontanément pendant le trajet du chlore, nous nous assurâmes qu'ils n'avaient aucune analogie avec le précédent acide. En effet, ces cristaux, après avoir été successivement comprimés entre plusieurs doubles de papier joseph, répandaient une odeur suave et particulière. Ils ne se dissolvaient pas sensiblement dans l'eau, même bouillante, tandis que l'alcool chaud les dissolvait presque en toute proportion, et que par le refroidissement il se déposait des cristaux prismatiques assez volumineux, d'un blanc mat, dont l'odeur et la saveur étaient à peu près nulles, mais qui, exposés à une douce chaleur, se liquéfiaient comme une huile, ne se volatilisaient pas, et répandaient, lorsqu'on les projetait sur un charbon ardent, une forte odeur d'aubépine. Ces cristaux, qui étaient parfaitement neutres, nous ont présenté quelque similitude avec ceux dont la potasse caustique détermine la formation dans l'essence elle-même. Nous devons avouer cependant que nous n'avons pas poussé nos recherches fort loin à cet égard.

Cette expérience nous paraît bien propre à démontrer que l'acide benzoïque ne préexiste pas dans l'essence d'amandes amères, et qu'il n'est qu'une conséquence de son oxigénation. Ainsi, à notre avis, il y aurait dans cette essence une espèce de radical benzoïque. Cette manière de voir serait tout-à-fait conforme à l'opinion dès long-temps émise par l'un de nous, relativement aux éthers du deuxième genre; opinion qui consiste à ne point admettre les acides comme tout formés dans ces sortes de composés. Au reste, comme notre intention bien formelle était, non pas d'appuyer ou de combattre telle ou telle opinion, mais uniquement de reconnaître la vérité, nous avons fait de nouvelles tentatives pour acquérir à cet égard des notions plus exactes. Ainsi, dans l'espoir que les alcalis caustiques pourraient nous donner quelques résultats tranchés, nous avons fait l'expérience suivante, à laquelle nous avons donné tout le soin dont nous sommes capables.

15 grammes de potasse caustique pure furent introduits dans un petit flacon à l'émeri, puis on ajouta de l'eau distillée de manière à remplir environ les deux tiers de la capacité du vase, qui pouvait contenir tout au plus 60 grammes. La solution étant faite et refroidie, nous introduisîmes dans le même flacon, et au moyen d'une très petite pipette, 5 grammes d'essence pure qui vinrent nager à la surface de la solution alcaline, puis nous achevâmes de remplir le flacon avec de l'eau pure, qui, comme on le sait, est plus légère que l'essence. Il en résultait que celle-ci formait une couche intermédiaire entre les deux autres liquides, et que c'était l'eau qui débordait dans le goulot, parce que nous en avions mis assez pour chasser totalement l'air. Dans cet état de choses, le bouchon fut introduit en déplaçant la quantité d'eau nécessaire, et l'on prit toutes les précautions pour le bien assujettir. Cela fait, on agita fortement pendant quelques minutes. L'eau et la solution alcaline se réunirent ; mais le moindre repos suffit pour que l'essence vienne se replacer à la surface. On eut soin, pour prévenir l'introduction de l'air, de tenir le flacon renversé et le goulot plongé dans l'eau, quand on ne l'agitait pas.

Après deux ou trois jours de réaction, on remarqua de petites paillettes cristallines qui nageaient dans le liquide inférieur, et l'on vit que, par l'agitation, ces paillettes se réunissaient à l'huile qui surnageait; mais, au bout de quelques heures, il s'en formait de nouvelles, et après une quinzaine de jours, ces paillettes étaient tellement multipliées que l'huile avait perdu toute sa fluidité. Cette expérience fut continuée pendant plus d'un mois, et chaque jour on agitait le flacon un grand nombre de fois, et l'on ne mit fin à cette manœuvre que quand on s'aperçut que toute l'huile était solidifiée, et encore le flacon ne fut-il ouvert que plusieurs jours après.

Lorsqu'enfin on voulut connaître les résultats, on versa le tout sur un petit filtre et l'on satura immédiatement, avec de l'acide hydro-chlorique, le liquide qui s'écoulait. A notre grand étonnement, il ne se produisit pas le plus léger dépôt, et notre surprise s'accrut encore en voyant que les paillettes cristallines qui étaient restées sur le filtre se délayaient dans l'eau qu'on instillait pour les laver, et qu'il en résultait une solution laiteuse. Ces paillettes formaient donc une espèce de savonule. La solution laiteuse étant distillée, nous avons recueilli quelques gouttes d'une essence qui n'avait presque plus d'odeur.

Cette nouvelle expérience nous semble bien confirmative de la précédente; car tout porte à croire, selon nous, que si l'acide eût préexisté, nous l'eussions retrouvé dans la potasse, comme cela arrive quand on traite l'essence au contact de l'air par le même agent, quoique employé dans un degré bien moindre de concentration, mais, à la vérité, aidé par l'action de la chaleur. Il suffit de faire bouillir pendant quelques instans de l'essence d'amandes amères avec une solution de potasse, pour obtenir, au moment de la saturation, un abondant précipité d'acide benzoïque.

Ayant acquis sur ce point une conviction aussi grande que le comporte ce genre de recherches, nous avons voulu nous assurer si d'autres moyens d'oxigénation produiraient le même effet que ceux auxquels nous avions eu recours; en conséquence, nous avons traité à chaud quelques grammes d'essence, par l'acide nitrique, employé au degré ordinaire de concentration. La réaction fut assez vive, et elle se manifesta par un fort dégagement de vapeurs nitreuses. Nous obtînmes, par suite de ce traitement, un acide semblable au précédent, et qui, purifié, représentait plus de la moitié du poids de l'essence employée.

Tous ces faits marchent bien d'accord, et il

ne nous semble pas possible qu'on puisse révoquer en doute la non préexistence de l'acide benzoïque.

Nous en étions à ce point de nos essais, lorsque nous eûmes connaissance du nouveau travail de M. *Liebig* sur l'acide de l'urine des herbivores, et nous nous empressâmes de nous assurer si notre acide, qui tirait également son origine d'une substance azotée, contenait lui-même de l'azote; mais nous n'en retrouvâmes aucune trace; et d'ailleurs, malgré toute la déférence que l'on doit aux opinions de M. *Liebig*, nous devons avouer que rien ne nous paraît moins prouvé que l'existence de son acide hippurique, comme corps *sui generis*. Nous avons recueilli, dans le cours de notre pratique, tant et tant de ces anomalies présentées par des combinaisons organiques, que nous ne sommes nullement disposés à croire que l'acide benzoïque obtenu de l'urine des herbivores se forme par l'action de la chaleur. Nous demeurons convaincus, au contraire, de sa préexistence dans l'urine, et l'intéressante découverte de *Fourcroy* et *Vauquelin* nous semble devoir conserver toute sa valeur.

M. *Liebig*, après avoir reconnu que l'acide sulfurique et l'acide hippurique, chauffés ensemble, donnaient naissance à de l'acide sulfureux et à de l'acide benzoïque, en tire une conclusion toute favorable à la non préexistence de l'acide benzoïque dans l'acide hippurique. Nous avouons que cette démonstration ne nous a pas pas paru rigoureuse; car, que devrait-il arriver si une substance organique plus altérable que l'acide benzoïque s'y trouvait unie, et qu'on traitât ce mélange par de l'acide sulfurique? Précisément ce qui arrive avec l'acide hippurique. D'ailleurs, il est à présumer que M. *Liebig* n'a pas lui-même acquis une grande conviction à cet égard, puisqu'il convient, dans l'alinéa suivant, qu'on peut regarder l'acide hippurique comme une combinaison d'acide benzoïque et d'une substance organique inconnue, et en cela nous sommes entièrement de son avis. Ne serait-il pas bien étonnant, en effet, que trois agens aussi distincts que la chaleur, l'acide sulfurique et l'acide nitrique, convertissent l'acide hippurique en acide benzoïque, si celui-ci n'y était pas tout formé. Ainsi les preuves apportées par M. *Liebig* ne nous paraissent pas suffisantes pour établir que nos premiers maîtres ont fait erreur, et il nous permettra sans doute de défendre leurs droits, jusqu'à ce que de nouvelles expériences viennent plus positivement prononcer sur cette question.

Amygdaline; ses propriétés.

Après nous être assurés, par tous les moyens qui étaient en notre pouvoir, que l'acide benzoïque n'était pas tout formé dans l'essence d'amandes amères, nous n'avions plus à rechercher ce corps dans les amandes elles-mêmes, mais bien à tâcher d'y découvrir le produit qui pouvait contribuer à la création de l'acide; et comme, parmi tous les produits que nous avions extraits, aucun n'avait autant fixé, sous ce rapport, notre attention que la matière blanche et cristalline dont nous avons fait mention, nous fûmes tout naturellement entraînés à l'examiner de plus près, et de cette étude sont résultées quelques observations qui nous ont paru mériter de l'intérêt. Voici en quoi elles consistent principalement :

Déjà nous avons dit que cette substance remarquable développait d'abord une saveur sucrée, qui se trouvait bientôt suivie d'un arrière-goût d'amertume, et qui rappelait parfaitement la saveur des amandes amères. Or, il est à observer que cette même saveur se retrouve aussi dans l'eau distillée et dans l'essence d'amandes amères. Il devenait donc assez probable que notre matière cristalline n'était point étrangère à ces propriétés, et cependant elle est parfaitement inodore; elle ne jouit d'aucune volatilité, soit seule, soit mélangée avec les différens agens qui sembleraient pouvoir y développer ce caractère si elle en était susceptible.

Lorsqu'on la chauffe dans un petit tube, elle se tuméfie, répand d'abord une odeur de caramel; mais, vers la fin de la calcination, on y distingue celle de l'aubépine. Cette substance nous a paru tout-à-fait inaltérable au contact de l'air; elle résiste parfaitement à l'action du chlore lorsqu'ils sont secs l'un et l'autre, du moins aucun changement extérieur ne se manifeste: mais si l'on fait intervenir un peu d'humidité, alors on remarque une sorte de tuméfaction, et si l'on reprend le résidu par une plus grande quantité d'eau, il y demeure insoluble; le tout se réunit en une masse blanche, sèche, inodore et friable comme une résine. L'alcool n'en dissout aucune portion.

Lorsqu'on fait chauffer cette substance avec une solution de potasse caustique, il se dégage, comme nous l'avons indiqué précédemment, une odeur vive et franche d'alcali volatil, et la solution n'offre aucune trace d'acide prussique. On n'en précipite rien par la saturation, et il ne nous a pas paru qu'il se formât aucun acide par suite de cette réaction; cependant nous n'oserions pas le garantir, et c'est une expérience à revoir sous ce rapport : tout ce que nous pouvons affirmer, c'est que cette substance contient de l'azote, car, en mêmes circonstances, elle fournit constamment de l'ammoniaque, quelque degré de purification qu'on lui ait fait subir.

Action de l'acide nitrique sur l'amygdaline.

L'acide nitrique est l'unique agent qui nous ait paru susceptible d'établir quelque rapport entre cette substance et l'essence d'amandes amères. En effet, comme celle-ci, elle fournit, par suite de ce traitement, un acide qui nous a présenté les caractères de l'acide benzoïque. A la vérité, on en obtient une moindre proportion, et avec plus de difficulté, parce que l'acide nitrique exerce parfois une réaction assez forte pour détruire l'acide benzoïque à mesure qu'il le produit; mais il est certain qu'en prenant les précautions convenables, on en obtient constamment, et que ces deux acides, étant examinés comparativement, n'offrent entre eux aucune différence.

En rapprochant toutes les données acquises, on verra qu'il est impossible de ne pas admettre comme très probable que la substance dont il est ici question ne contribue puissamment à la formation de l'huile essentielle; car on se rappelle,

1°. Que quand cette substance est enlevée, il n'y a plus possibilité de développer ni odeur ni saveur dans le résidu;

2°. Que l'acide benzoïque ne préexiste ni dans les amandes ni dans l'essence elle-même;

3°. Que l'essence et notre matière cristalline, traitées l'une et l'autre par l'acide nitrique, donnent toutes les deux de l'acide benzoïque.

Resterait à savoir maintenant de quelle manière ce nouveau produit concourt à la formation de l'essence, comment il acquiert de l'odeur, ou de la volatilité. Il y a là bien certainement quelque corps occulte qui sert comme de lien commun, et qui se dérobe à nos recherches. Nous avons bien reconnu que l'intervention de l'eau était une chose indispensable; mais ce n'est pas tout encore, et il est bien à présumer que la même substance qui se convertit avec tant de facilité et de promptitude en acide prussique, est aussi celle qui, par son union, vient développer de l'odeur et de la volatilité. Mais quelle est cette autre substance qui se rend si manifeste par ses effets? C'est ce que nous ne sommes point encore parvenus à découvrir, et que de plus habiles ou de plus heureux trouveront sans doute. En attendant, bornons-nous à bien constater que la matière dont nous venons de décrire les propriétés est entièrement distincte de toutes celles connues jusqu'alors.

Sa couleur, sa cristallisation et sa saveur sucrée nous avaient fait juger d'abord que ce pouvait être de la mannite, et nous étions d'autant moins éloignés de le croire, que, parmi les produits que nous avions extraits de l'amande amère, figurait une autre matière sucrée qui nous semblait être le sucre incristallisable de cette prétendue mannite; mais ces deux produits, l'un et l'autre soumis à l'action de l'acide nitrique, se sont comportés d'une manière si différente, qu'il n'a plus été possible de leur reconnaître aucune dépendance. Le sucre incristallisable fournit une grande quantité d'acide oxalique, tandis que notre substance ne donne que de l'acide benzoïque. Ainsi elle mérite, sans aucun doute, de prendre rang parmi les produits organiques. Nous eussions désiré lui donner un nom qui rappelât l'espèce d'amandes qui la contient; mais comme les botanistes n'ont pas jugé à propos d'établir une distinction entre l'arbre qui fournit l'amande douce et celui qui produit l'amande amère, nous sommes contraints d'adopter la dénomination du genre, et nous l'appellerons *amygdaline*.

Composition de l'amygdaline.

Comme il ne suffisait pas d'avoir reconnu l'azote dans l'amygdaline, et qu'il fallait en outre en déterminer la proportion, nous avons prié deux de nos collègues et de nos amis, MM. *Henry fils* et *Plisson*, qui depuis long-temps s'occupent des moyens de perfectionner l'analyse élémentaire des substances organiques, de vouloir bien déterminer les proportions de celle-ci; et voici quels ont été leurs résultats :

Carbone,	58,616		Carbone,	19 atomes
Hydrogène,	7,0857	ou	Hydrogène,	28
Azote,	3,6288		Azote,	1
Oxigène,	30,7238		Oxigène,	7
	100			

Nous avons été d'autant plus étonnés de trouver une aussi petite proportion d'azote, que la quantité d'alcali volatil qui se dégage par la réaction de la potasse caustique sur cette substance semblait en annoncer bien davantage. Mais enfin cette analyse, répétée plusieurs fois, a toujours fourni les mêmes résultats, et la grande habitude que nos collègues ont acquis dans ce genre d'expériences ne nous permet pas d'élever le moindre doute sur leur exactitude. Néanmoins, malgré tous les perfectionnemens qu'on a pu apporter, nos moyens d'analyse sont-ils assez certains pour qu'on puisse bien y compter? D'ailleurs, l'azote lui-même est-il assez bien connu pour oser affirmer que les propriétés qui le distinguent pour nous ne l'abandonnent jamais? Et ne le voyons-nous pas disparaître dans la fermentation sans que nous en puissions retrouver la trace? Il est encore une autre observation assez curieuse, et qui mérite de trouver place ici, c'est que, dans la fabrication de l'acide benzoïque, nous avons été frappés mainte et mainte fois de l'odeur d'acide prussique qui se dégage, surtout quand on ouvre les appareils où se fait la sublimation de cet acide. Ce phénomène n'est pas constant, mais il se manifeste assez fréquemment. Si maintenant on fait attention que l'acide benzoïque tire, en d'autres circonstances, son origine de substances azotées, comme de l'acide hippurique de M. *Liebig*, d'essences d'amandes amères et de laurier-cerise (1), ne deviendra-t-il pas assez probable que l'acide benzoïque lui-même doit en contenir, et que si nous ne l'y retrouvons pas, c'est que les moyens nous manquent, ou qu'il y est en très petite

---

(1) L'huile de laurier-cerise et celle d'amandes amères paraissent être de même nature; elles possèdent des propriétés semblables.

proportion. Au reste, nous sommes fort éloignés d'ajouter à ces conjectures plus d'importance qu'elles n'en méritent réellement, et nous ne les consignons ici que pour éveiller l'attention de ceux qui se livrent à ce genre de recherches.

Conclusions.

En dernière analyse, nous pensons suffisamment avoir démontré,

1°. Que l'huile volatile d'amandes amères ne préexiste pas dans le fruit, et que l'eau est essentielle à sa formation;

2°. Que l'acide benzoïque ne préexiste pas non plus dans l'huile volatile, et que l'oxigène est indispensable à son développement;

3°. Que les amandes amères contiennent un principe particulier qui est azoté, qui paraît être l'unique cause de l'amertume des amandes, et un des élémens composés de l'huile essentielle (1).

---

(1) Comme il est probable que cette substance jouit de quelques propriétés médicamenteuses assez tranchées, nous avons prié un de nos plus habiles médecins d'en faire l'essai sous ce rapport, et nous ferons connaître plus tard les résultats qu'on obtiendra.

FIN.

RAPPORT

Fait à l'Académie royale des Sciences de l'Institut de France, sur un Mémoire de MM. Robiquet *et* Boutron-Charlard, *ayant pour titre :* Nouvelles Expériences sur les Amandes amères et sur l'Huile volatile qu'elles fournissent; *par MM.* Thénard et Serullas.

Nous sommes chargés, M. *Thénard* et moi, de vous rendre compte d'un mémoire de MM. *Robiquet* et *Boutron-Charlard*, ayant pour titre, *Nouvelles Expériences sur les Amandes amères et sur l'Huile volatile qu'elles fournissent.*

Tous ceux qui se sont occupés d'étudier les matières organiques ont reconnu combien est grande la difficulté d'arriver à la connaissance positive de l'arrangement primitif de leurs élémens; car l'on sait que les moyens même les plus simples qu'on emploie pour parvenir à cette connaissance, donnent lieu à des produits nouveaux que, par erreur, on a souvent considérés comme préexistans ou comme des matériaux immédiats, faisant parties constituantes des substances soumises à l'examen chimique.

MM. *Robiquet* et *Boutron-Charlard*, pénétrés de cette vérité, et persuadés que les substances organiques, même celles qui ont été l'objet d'investigations les plus suivies, peuvent encore offrir des résultats nouveaux ou mieux constatés, sans être arrêtés par la considération que l'honneur attaché à de semblables recherches n'est pas proportionné aux difficultés qu'elles présentent, n'ont pas hésité à soumettre à un nouvel examen l'amande amère et son huile essentielle; sujet pris et repris tant de fois par différens chimistes.

On sait, par suite de ces premiers travaux, qu'on obtient, en distillant les amandes amères, une huile volatile; que cette huile, exposée à l'air, se convertit en cristaux aiguillés, brillans et acides, qu'on a reconnus être de l'acide benzoïque.

Mais cet acide préexiste-t-il dans l'huile et n'est-il que démasqué par la perte de quelque matière pendant son exposition à l'air, ou bien est-ce un corps nouveau, résultant de l'absorption de l'oxigène? Telle est la question que s'étaient d'abord faite MM. *Robiquet* et *Boutron*, lorsqu'une autre question non moins importante, et suggérée par le même principe, s'est présentée à leur esprit. Sa solution devant naturellement apporter des éclaircissemens sur la première, elle a dû être traitée avant tout. Elle consiste à savoir si l'huile essentielle elle-même est toute formée dans l'huile d'amandes amères, ainsi qu'on pourrait le croire, d'après l'opinion jusqu'ici reçue, que la distillation en opérait simplement la séparation.

M. *Planche* avait observé qu'on obtient, par l'expression des amandes amères, de l'huile douce semblable à celle qu'on retire des amandes douces; il avait remarqué néanmoins que cette huile prenait quelquefois l'odeur et le goût des amandes amères, effet que cet habile praticien attribuait à l'action de la chaleur. MM. *Guibourt* et *Henry* reconnurent plus tard que ce changement n'avait lieu que sous l'influence de l'humidité.

Toutefois, ces premières données laissaient à désirer, et il importait que par des expériences positives, on pût établir incontestablement ces faits. MM. *Robiquet* et *Boutron* non-seulement y sont parvenus, mais, avec l'habileté qu'on retrouve dans leurs travaux, et à l'aide de procédés ingénieux qu'il serait trop long de reproduire ici, ils ont constaté en outre,

1°. Que l'huile essentielle d'amandes amères est un produit nouveau, qui ne se forme évidemment que par le concours de l'eau;

2°. Que cette huile essentielle, douée d'une

très grande volatilité, mise en contact, en vase clos avec de l'oxigène, l'absorbe et se transforme en acide benzoïque;

3°. Que l'huile fixe d'amandes amères qu'on obtient par expression n'a aucune odeur; qu'il en est de même pour le résidu, soit qu'on le laisse en tourteau, soit qu'on le mette en poudre; que rien ne peut faire développer l'arôme dans l'huile fixe, tandis qu'il suffit d'humecter le résidu qui l'a fournie pour obtenir immédiatement le dégagement de l'odeur prussique la plus prononcée; ce qui prouve que l'huile essentielle ou les élémens qui concourent à sa formation restent dans le son d'amandes et ne s'écoulent pas avec l'huile fixe, par la compression.

Parmi les moyens différens que MM. *Robiquet* et *Boutron* ont employés pour démontrer qu'il n'y avait pas production d'huile volatile d'amandes amères sans l'intervention de l'eau, celui de traiter la pâte d'amandes amères par l'alcool concentré et par l'éther les a conduits à des résultats très remarquables et indépendans de leur premier but, savoir, à la séparation, au moyen de ces véhicules, de trois principes distincts, une matière résinoïde, une substance cristalline particulière et une espèce de sucre liquide, exempts les uns et les autres de l'odeur d'amandes amères.

Ce traitement par l'alcool et par l'éther leur a

fait voir que l'éther ne touche pas au principe qui contribue à produire l'odeur d'amande amère, tandis que, par des lavages répétés à l'alcool, le résidu, quoique placé sous toutes les conditions favorables, n'est plus susceptible de fournir de l'huile essentielle; en sorte que les amandes amères pilées et lavées à l'éther, soumises ensuite à l'action de l'eau, fournissent de l'huile essentielle, lorsque ces mêmes amandes, lavées convenablement à l'alcool, au lieu d'éther, et reprises par l'eau, n'en donnent plus. Le principe tout entier passe-t-il dans l'alcool, ou bien ce dernier ne fait-il que modifier l'amande en changeant ses élémens? C'est ce que les auteurs n'ont pu décider.

L'action du chlore sur l'essence d'amandes amères, en même temps qu'elle démontre que l'acide benzoïque n'y est pas tout formé, donne naissance à du chlorure de cyanogène et à des cristaux autres que l'acide benzoïque, et dont la nature n'a pas été déterminée.

Le traitement alcoolique des amandes amères en sépare, comme on l'a vu, trois produits distincts; mais celui qui est cristallisé a arrêté plus particulièrement l'attention des auteurs, attendu qu'ils regardent comme très probable que ce produit azoté est celui qui, dans l'amande amère, concourt essentiellement à la formation de l'huile volatile. Leur opinion à cet égard est fondée sur ce qu'il n'y a plus possibilité de développer ni odeur ni saveur dans le résidu privé de cette matière; sur ce que l'acide benzoïque ne préexiste ni dans les amandes ni dans l'essence, et que l'essence et la matière cristalline, traitées l'une et l'autre par l'acide nitrique, donnent toutes les deux de l'acide benzoïque.

En résumant le travail de MM. *Robiquet* et *Boutron-Charlard*, on y trouve, outre les preuves d'habileté dans l'art des expériences, en faits nouveaux ou mieux constatés,

1°. Que l'huile volatile d'amandes amères n'est pas toute formée dans le fruit; que l'eau est nécessaire à sa production;

2°. Que l'acide benzoïque ne préexiste pas non plus dans l'huile volatile, mais que celle-ci est susceptible de se convertir entièrement en acide benzoïque par l'absorption de l'oxigène;

3°. Qu'il existe dans les amandes amères une matière cristalline particulière, blanche, inodore, inaltérable au contact de l'air; d'une saveur amère, qui rappelle celle des amandes; très soluble dans l'alcool, et cristallisant, par le refroidissement, en aiguilles rayonnées; susceptible de dégager de l'ammoniaque quand on la chauffe avec de la potasse caustique en dissolution. Que cette substance, que les auteurs nomment *amygdaline,* serait la cause unique de l'amertume des amandes amères, et l'un des élémens de l'huile essentielle, dans laquelle ils seraient portés à admettre l'existence d'un radical benzoïque.

Le Mémoire de MM. *Robiquet* et *Boutron* a paru à vos commissaires très intéressant, et digne de l'insertion dans le *Recueil des Mémoires des Savans étrangers,* ce qu'ils ont l'honneur de vous demander.

Signé THÉNARD.

SERULLAS, *rapporteur.*

L'Académie adopte les conclusions de ce rapport.

Certifié conforme,

Le secrétaire perpétuel, conseiller d'État, grand-officier de l'ordre royal de la Légion-d'Honneur,

CUVIER.

www.ingramcontent.com/pod-product-compliance
Ingram Content Group UK Ltd.
Pitfield, Milton Keynes, MK11 3LW, UK
UKHW021952260726
13994UKWH00004B/1688

9 782329 426105